INSTRUCTION

SUR

LA GOURME

DES POULAINS

ET DES JEUNES CHEVAUX DU PERCHE,

A L'USAGE DES CULTIVATEURS,

CONTENANT

Les causes de cette maladie, les symptômes qui la font reconnaître, les moyens de la guérir et d'en préserver les animaux;

SUIVIE DE QUELQUES DÉTAILS SUR LES REMÈDES INUTILES OU DANGEREUX DES CHARLATANS;

PAR F. BERNARD,

Vétérinaire.

NOGENT-LE-ROTROU,

Imprimerie de GOUVERNEUR, rue Dorée, 5.

1847.

AVANT-PROPOS.

Les maladies en général apparaissent sous l'influence de causes très diverses, inhérentes à chaque localité ; elles sont très variables dans leur marche, leurs terminaisons, présentent souvent des caractères particuliers plus ou moins graves et nécessitent un traitement qui doit être modifié selon une foule de circonstances qu'il est nécessaire de bien connaître.

La Gourme des poulains et des jeunes chevaux du Perche m'a paru mériter sous ce rapport tous les détails que comportent les particularités qu'elle présente dans ses causes, ses symptômes et dans le traitement que l'on doit suivre pour la guérir.

Cette maladie très fréquente fait éprouver des pertes considérables aux éleveurs et règne souvent à l'état épizootique dans le pays d'élève du Perche.

Les préjugés anciens, les pratiques routinières de quelques éleveurs, les remèdes incendiaires des empiriques, des charlatans, en un mot de tous ces hommes qui trompent la confiance du crédule fermier, sont plus souvent la cause de la mortalité que la maladie elle-même.

Si en publiant cette *Instruction* toute pratique, dans laquelle j'ai fait tous mes efforts pour exposer, en termes que tous les cultivateurs puissent comprendre, tout ce qui se rattache à cette maladie sous le rapport des causes qui l'occasionnent, des symptômes qui la font reconnaître et distinguer des autres maladies, des moyens que l'on doit employer pour la guérir, des préjugés, des routines que les ignorants pratiquent encore aujourd'hui, je suis assez heureux pour dévoiler aux yeux des éleveurs l'ineptie, l'ignorance, le danger et le trafic de tous les guérisseurs des campagnes, des vendeurs de remèdes secrets, j'aurai atteint mon but.

INSTRUCTION

SUR

LA GOURME

DES POULAINS

ET DES JEUNES CHEVAUX DU PERCHE,

A L'USAGE DES CULTIVATEURS.

§ 1er. De la Gourme. — Définition. — Préjugés.

La Gourme des poulains et des jeunes chevaux est une inflammation avec secrétion anormale de la membrane muqueuse des cavités nasales, très souvent compliquée de l'inflammation de l'arrière-bouche, du larynx, des bronches ou des poumons, et dont le principal caractère extérieur est l'écoulement ou jetage par les naseaux d'une matière mucoso-purulente.

Elle est encore appelée catharre, inflammation catharrale, rhume, coryza, morfondure, courbature, etc.; mais ces différents noms que les charlatans débitent et répètent souvent sans les comprendre, qu'ils appliquent à une infinité de maladies, ne donnant aucune signification précise de la nature, ni du siège de cette maladie, peuvent la faire confondre avec d'autres qui ont quelques caractères semblables; aussi doit-on lui conserver le nom de Gourme, mot consacré par l'usage et par le temps pour exprimer l'ensemble des symptômes qui la caractérisent et sous lequel elle est généralement connue dans les campagnes; elle porte encore le nom scientifique de rhinite, mot qui signifie inflammation du nez.

Dans les contrées où le traitement des maladies des animaux domestiques a toujours été abandonné à la routine et à l'ignorance des guérisseurs, cette maladie a été et est encore aujourd'hui le sujet des idées les plus absurdes et les plus bizarres; toutes les personnes qui s'occupent de chevaux, ceux qui les conduisent, qui les élèvent ou qui les soignent, veulent connaître et guérir la Gourme. Les uns, la considérant tantôt comme une maladie des humeurs qui selon eux sont corrompues ou altérées, ont une confiance aveugle dans l'effet des sétons, comme dépuratifs du sang ; que la maladie soit récente ou ancienne, simple ou compliquée, avec ou sans fièvre, qu'il y ait en un mot contre-indication d'employer ce moyen de traitement, il est prodigué comme une panacée infaillible dans tous les cas. Sur les jeunes animaux ordinairement très sensibles et très irritables, les sétons employés au début de la Gourme les empêchent de se coucher, augmentent la fièvre qu'il faudrait au contraire calmer et occasionnent des complications graves, sans compter les accidents gangréneux si fréquents qui surviennent à la suite de cette opération. Les autres la confondant avec toutes les maladies qui occasionnent la toux, ordonnent comme prescription rigoureuse de ne jamais saigner lorsque les animaux toussent ; cette routine étant tout-à-fait contraire aux indications curatives que réclament les maladies qui présentent ce symptôme et qui sont toujours sur les jeunes animaux des inflammations aiguës des voies respiratoires, entraîne presque toujours des complications mortelles.

Enfin un grand nombre ne voient dans cette maladie qu'une simple inflammation des ganglions de l'auge et se bornent pour tout traitement à enduire ces tumeurs de graisses ou d'onguents pour les faire abcéder le plus promptement possible; la maladie essentielle est négligée, devient grave et souvent incurable.

Adoptées et suivies dans les campagnes comme des préjugés anciens et enracinés, ces pratiques routinières ont encore aujourd'hui les conséquences les plus désastreuses; les charlatans de toute espèce, les empiriques, tous les hommes qui font leur métier de pratiquer la castration sur tous les animaux domestiques, qui se disent vétérinaires sans en avoir le titre, les propagent dans les campagnes, les mettent en pratique journellement, les impriment dans le caractère des habitants des campagnes et deviennent ainsi les vrais agents propagateurs de la mortalité.

Il est donc du plus haut intérêt pour les éleveurs d'abandonner ces habitudes nuisibles, d'apprécier la nature de la maladie, de s'en faire une idée claire et précise pour la prévenir et la guérir par le traitement le plus simple et le plus efficace.

§ 2e. Causes de la Gourme.

Dans le pays d'élève du Perche, la Gourme sévit annuellement presque à l'état épizootique pendant tout le temps de l'émigration et de la vente des poulains, c'est-à-dire depuis les mois de septembre et d'octobre jusqu'en janvier et février de l'année suivante; elle est beaucoup plus rare dans les autres saisons; on la voit : 1° en automne, sur les antenais et sur les chevaux de trois ans, lorsque les mauvais temps obligent de les rentrer à l'écurie; 2° au printemps, sur les jeunes chevaux qui travaillent par les temps froids et pluvieux pour faire les semailles d'orge et d'avoine; 3° quelquefois en été. A toutes ces différentes époques de l'année, les animaux sont soumis à une foule de causes maladives que je vais essayer de faire connaître.

Toutes ces causes n'agissent pas de la même manière et cependant contribuent à produire les mêmes effets; les unes prédisposantes ou indirectes modifient le tempérament des animaux en les rendant plus susceptibles d'être attaqués de cette maladie plutôt que d'une autre; les autres occasionnelles, directes ou déterminantes sont celles qui, en agissant directement, font naître et apparaître la maladie ; en les évitant, les poulains croissent et se développent très bien sans être malades ; la Gourme n'est pas comme beaucoup de personnes le croient, une maladie nécessaire, purgative ou préservative, semblable à la petite-vérole de l'espèce humaine, il suffit de soustraire les animaux aux causes maladives pour les conserver à l'état de santé.

I. Les causes prédisposantes de la Gourme tiennent à la nature des poulains de la race percheronne et au tempérament sanguin qui prédomine toujours chez eux au moment de la vente et de l'émigration ; en effet, dans les pays où ils naissent et sont élevés jusqu'au sevrage pour changer de localités, ces poulains sont dans toutes les conditions d'une nutrition active très substantielle qui produit un sang riche et très excitant. Le sol des trois départements qui les fournissent (Eure-et-Loir, Loir-et-Cher, Sarthe) est généralement fertile, sec, non humide et produit des plantes succulentes et très nutritives, bien que les modes de culture soient différents dans quelques contrées :

1° Dans les environs de Nogent-le-Rotrou, Thiron-Gardais, Brunelles, Authon (Eure-et-Loir), de La Ferté-Bernard, Vibray, Montmirail, Sargé, Saint-Marc-de-Sargé (Sarthe), de Mondoubleau, Savigny (Loir-et-Cher), les poulains sont élevés dans les pâturages et dans les prairies avec les mères; l'assolement alterne qu'on y suit généralement, permet la culture de prairies artificielles qui fournissent non-seulement une alimentation abondante en fourrages mais encore des pâturages qui donnent aux mères un lait très nourrissant et aux poulains une nourriture excellente.

2° Dans les autres contrées, les environs de La Bazoche-Gouet, Beaumont-le-Chétif, Courtalain (Eure-et-Loir), de Blois, Droué, Vendôme, Villiers, etc. (Loir-et-Cher), de Saint-Calais, Soudé (Sarthe), le mode de culture en usage est l'assolement triennal ou de trois ans, les poulains sont élevés à l'écurie et nourris à l'avoine, au seigle et même au blé en grains et en épis.

Les cultivateurs de toutes ces contrées ont en outre l'habitude de prodiguer à leurs poulains tous les aliments les plus nutritifs et de plus facile digestion pour les faire croître avec rapidité et les entretenir dans un état d'embonpoint favorable pour la vente; ils leur donnent en abondance du lait de vache ou de chèvre, des soupes nourrissantes et des grains cuits comme aux animaux d'engrais.

Sous l'influence de cette alimentation les animaux prennent beaucoup d'embonpoint, les formes se développent, s'arrondissent, deviennent agréables, on voit les veines distendues par le sang, serpenter sous la peau, le poil est court et lustré, les membranes muqueuses des yeux, des naseaux et de la bouche prennent une belle couleur rose foncé, en un mot tout annonce la prédominance du tempérament sanguin et la prédisposition aux maladies inflammatoires aiguës; c'est précisément dans cet état de pléthore sanguine, dans cette disposition morbide portée souvent au suprême degré, que les poulains changent de pays, émigrent chez les acheteurs et qu'ils sont soumis à l'action des causes directes occasionnelles de la Gourme. Ils sont ensuite sevrés brusquement, sans précautions préalables, leur nourriture habituelle est changée et l'habitude qu'ont les éleveurs de donner une bonne alimentation pour entretenir l'embonpoint produit encore un effet d'excitation générale prédisposant à cette affection.

Enfin la jeunesse les rend plus sensibles qu'à tout âge aux influences extérieures, ainsi que la dentition qui entretient dans la tête le mouvement fluxionnaire qu'exige l'organisation des dents.

II. Les causes occasionnelles directes ou déterminantes très nombreuses sont le plus souvent suscitées par les habitudes routinières des éleveurs et par l'oubli des vrais principes de l'hygiène ou de gouverner les animaux ; elles se trouvent dans l'air qu'ils respirent, dans la disposition des écuries, quelquefois dans les boissons qui les abreuvent et même dans les aliments :

1° Les poulains émigrent ordinairement en troupes ou bandes que l'on fait voyager souvent par les brouillards froids, les pluies et les gelées ; en arrivant dans les habitations, le poil des poulains est imprégné d'humidité qui arrête la transpiration de la peau ; on les entasse souvent dans des écuries peu spacieuses, peu aérées, quelquefois dans des bergeries insalubres ; on calfeutre encore toutes les ouvertures pour éviter le froid, il se développe dans ces écuries une chaleur humide qui empêche la transpiration externe de se rétablir et qui excite les organes de la respiration interne déjà surexcités par les fatigues de la marche; le sang vient abonder dans ces organes, la circulation y est très active, les membranes muqueuses des naseaux se colorent en rouge foncé, le pouls devient plus vite et plus fort, les mouvements respiratoires sont plus précipités et plus fréquents et les symptômes de la Gourme apparaissent peu de temps après.

2° Après avoir fait des marches très longues pour les rendre aux foires et marchés, ils sont souvent exposés une grande partie du jour à toutes les intempéries; achetés par les éleveurs qui les conduisent dans leurs écuries, ces poulains très fatigués éprouvent encore un changement subit de température qui est une cause infaillible de la Gourme.

3° L'habitude de les mener boire en troupe dans les rivières ne serait pas nuisible si l'on prenait toutes les précautions nécessaires pour les empêcher de traverser les eaux profondes; le poil du poulain est souvent très touffu et très long, il sèche difficilement quand il est mouillé, entretient sur la peau une humidité froide qui arrête la transpiration extérieure et qui occasionne la maladie. Il est encore bien plus imprudent de les abreuver de cette manière à l'arrivée d'une longue route et encore couverts de sueur.

4° La Gourme est aussi très fréquente sur les poulains qui habitent des écuries très grandes, où les ouvertures sont basses et destinées par intervalle au séjour momentané d'une plus ou moins grande quantité d'animaux ; cette circonstance rend la température de ces écuries très variable; elles sont tantôt froides, tantôt chaudes, cette cause a toujours son effet direct quand les poulains habitent la même écurie que les chevaux de travail, pendant le jour les poulains l'habitent seuls, elle est très froide, tandis que la nuit elle est très échauffée par tous les animaux.

5° Les écuries qui ne sont pas séparées des étables sont aussi très insalubres, lorsque surtout elles n'ont ni ouvertures ni fenêtres pour renouveler l'air qui y est toujours très infect et qui fatigue la respiration ; elles sont excessivement chaudes pendant la nuit, les poulains qui étaient auparavant sous l'influence de l'air pur et froid éprouvent un changement subit très sensible aux organes respiratoires.

6° C'est une très mauvaise habitude de sortir les poulains tous les jours pour les abreuver ou curer les écuries, sans s'inquiéter de la température ni des mauvais temps ; habitués dans leurs écuries à une chaleur douce et modérée, ils sont saisis et glacés de froid par les pluies battantes et par les vents qui sifflent le long des bâtiments.

7° Les eaux de puits ou de source données crues aux jeunes poulains occasionnent très souvent la Gourme, ces eaux froides et irritantes par les substances salines qu'elles contiennent en dissolution, substituées au lait chaud et adoucissant des mères, irritent les membranes muqueuses de l'arrière-bouche, en déterminent l'inflammation et il se déclare tout-à-la-fois une angine ou mal de gorge et une Gourme très compliquée.

8° L'usage des foins et des fourrages poudreux et vasés est une cause infaillible de la Gourme ; lorsque les animaux tirent ces foins du râtelier, il s'en échappe une poussière très épaisse, très irritante qui s'introduit dans les naseaux avec l'air inspiré et qui occasionne une Gourme d'autant plus dangereuse que les animaux sont souvent épuisés par la mauvaise alimentation ; elle se complique souvent de l'inflammation du poumon qui se gangrène rapidement. En 1843 et 1844, cette cause a été très préjudiciable à quelques éleveurs ; les prairies qui bordent la rivière de l'Huisne ont été inondées et couvertes de vase et de limon au moment de la récolte. La Gourme infestait toutes les fermes où l'on faisait usage de ces foins pour la nourriture des jeunes chevaux, cette maladie avait des caractères particuliers qui étaient la conséquence d'une alimentation peu substantielle ; on observait sur les animaux tous les signes d'un épuisement général : la maigreur, le poil piqué, la peau sèche et adhérente aux tissus sous-jacents, la pâleur des muqueuses ; les sétons devenaient souvent le siége d'engorgements gangréneux et occasionnaient la mort des animaux.

9° Les antenais et les chevaux de trois ans qui ont passé l'automne et souvent une partie de l'hiver dans les pâturages sont presque toujours atteints de la Gourme quand on les rentre à l'écurie ; la plus grande chaleur de l'air que les animaux respirent, la nourriture sèche, excitante et substantielle substituées au froid et à la faible alimentation des herbes rares et aqueuses des pâturages, produisent un changement très nuisible dans les conditions hygiéniques des animaux ; la maladie est d'autant plus dangereuse qu'ils sont restés plus long-temps dans les pâturages déjà couverts de neige, et jusqu'au moment où la rigueur de l'hiver arrête toute la végétation des plantes qui ne fournissent plus une alimentation suffisante aux animaux.

10° La Gourme se déclare aussi sur les jeunes chevaux, en automne quand on les fait travailler par les mauvais temps, par les brouillards et par les froids rigoureux, au printemps, surtout lorsque cette saison est très variable dans sa température ; pendant les travaux, quelques fermes sont infestées de cette maladie, ces animaux s'échauffent pendant le travail, se couvrent de sueur, souvent ils sont mouillés en sortant du harnais, on les voit trembler dans les écuries, le froid les glace, arrête la transpiration de la peau et occasionne la maladie.

11° En été on voit souvent les jeunes chevaux gourmés, lorsqu'ils travaillent ou qu'ils font de longs voyages sur les routes ; la maladie est causée par la poussière épaisse et irritante qui s'introduit dans les cavités nasales, par les averses abondantes et subites qui surprennent les animaux en voyage et tout couverts de sueur, par les refroidissements qu'ils éprouvent à la suite de la chaleur et de la fatigue du jour lorsqu'ils passent des nuits froides en plein air.

12° Dans les pâturages découverts, non plantés d'arbres, situés sur des hauteurs qui dominent au loin les terres environnantes, les poulains et les jeunes chevaux sont souvent gourmés lorsque les saisons sont très variables dans leur température, parce que ces animaux n'ont aucun abri contre les pluies ni les vents froids.

13° Enfin d'après quelques faits bien constatés il me paraîtrait hors de doute que cette maladie peut se transmettre de l'animal malade à l'animal sain, par la cohabitation soit à l'écurie soit dans les pâturages.

§ 3e. Signes et symptômes de la Gourme.

Reconnaître exactement : 1° tous les signes et symptômes qui caractérisent la Gourme afin de bien la distinguer de ses complications et des autres maladies avec lesquelles on peut la confondre ; 2° si elle est ou n'est pas grave ou dangereuse, sont les deux questions importantes à connaître pour employer les moyens curatifs les plus sûrs et les plus efficaces. C'est en effet cette habitude routinière de tous les charlatans guérisseurs, de méconnaître cette maladie ou de la considérer comme une affection spécifique simple à laquelle ils opposent les mêmes remèdes basés sur les plus mauvais préjugés, qui causent la mort dans la plupart des cas ; car les prescriptions qui guérissent la maladie simple sont loin d'être applicables à ses complications et aux autres maladies.

La Gourme se déclare ordinairement un, deux ou trois jours après l'action des causes qui l'ont occasionnée ; mais les signes et symptômes sont plus ou moins apparents selon que ces causes ont agi avec plus ou moins d'intensité; c'est ce qui a fait distinguer deux espèces de Gourme, l'une bénigne simple est peu dangereuse, l'autre maligne est souvent très grave et se complique de l'inflammation des membranes muqueuses de l'arrière-bouche, du larynx, des bronches, des poumons et de la formation d'abcès ou dépôts de Gourme dans différentes parties du corps :

1° Symptômes de la Gourme bénigne. On ne s'aperçoit guère que les poulains ou les jeunes chevaux sont gourmés que lorsqu'on les entend tousser, surtout quand ils mangent du fourrage sec ou de l'avoine; cette toux est d'abord forte, sonore et se répète de temps en temps; après cinq ou six jours, elle devient plus grasse, moins résonnante, est toujours suivie d'un ébrouement, l'appétit est quelquefois un peu diminué, les flancs sont moins remplis, les yeux sont rouges et chassieux, la membrane muqueuse des naseaux a une couleur plus foncée, l'air expiré est chaud, sans mauvaise odeur, les animaux se couchent comme dans l'état de santé et ne paraissent souvent pas malades; après six ou sept jours, rarement avant, il s'écoule par les naseaux une matière blanche, épaisse, filante, qui tombe souvent par flocons glutineux qui n'ont aucune mauvaise odeur ; ce jetage dure huit jours, quelquefois quinze, disparaît complètement et les animaux sont guéris.

Cependant le jetage persiste quelquefois, bien que la maladie soit simple en apparence ; les animaux maigrissent, toussent de temps en temps, le jetage augmente, la toux devient très grasse, les membranes muqueuses et particulièrement celles des naseaux pâlissent, le poil devient hérissé, les flancs se creusent, les animaux s'épuisent de plus en plus ; si l'on applique l'oreille sur les côtés de la poitrine, on entend souvent un bruit de râle muqueux produit par le passage de l'air dans les tuyaux bronchiques qui contiennent une grande quantité de matière muqueuse purulente, la maladie est alors compliquée d'une inflammation des bronches ; la respiration est plus vite et entrecoupée, les moindres mouvements excitent la toux qui est très grasse et suffocante, le jetage est très abondant, répand quelquefois une mauvaise odeur, la respiration devient râlante, précipitée, et les animaux succombent en peu de temps. Cette maladie ne présente pendant long-temps que les symptômes d'une Gourme simple qui serait passée à l'état chronique et à laquelle on donne ordinairement le nom de Gourme arrêtée. La durée est souvent très longue, et les animaux, s'ils ne sont pas traités, ne succombent quelquefois qu'après deux ou trois mois. Elle se remarque souvent sur les poulains faibles qui ont été abandonnés et soumis à l'influence de nouvelles causes maladives.

2° SYMPTÔMES DE LA GOURME MALIGNE OU COMPLIQUÉE. Les poulains qui vont être ou qui sont déjà atteints de la Gourme maligne, paraissent tristes, abattus et fatigués, se tiennent souvent couchés, se lèvent difficilement quand on les frappe; s'ils se tiennent debout, ils piétinent continuellement, se portent tantôt sur un membre, tantôt sur l'autre, les crins s'arrachent plus facilement que dans l'état de santé, les yeux sont larmoyants, chassieux et très rouges (1), la membrane nasale a pris une couleur rose vif, la toux est forte, sèche, se répète souvent, les animaux s'ébrouent comme pour se débarrasser d'un corps étranger qui serait placé dans les

(1) Ou la conjonctive est très rouge.

cavités nasales ; les battements du cœur et du pouls sont plus forts et plus fréquents que dans l'état de santé, l'appétit est diminué, les mouvements du flanc sont réguliers, la respiration est un peu plus accélérée, ces symptômes persistent deux ou trois jours, quelquefois plus, la respiration devient alors bruyante, râlante (1) ou sifflante, si l'on presse les côtés de la gorge avec les mains, les animaux cornent très fort et lèvent la tête immédiatement pour se soustraire à la douleur que la compression leur fait éprouver ; il s'écoule des naseaux un liquide clair, filant, verdâtre, mousseux, mélangé à des débris d'aliments qui proviennent de l'arrière-bouche ; l'appétit est encore assez bon ; mais ils mâchonnent les aliments pendant très long-temps, les gardent dans la bouche et ne peuvent les avaler, ils les rejettent en partie par les naseaux avec une grande quantité de salive écumeuse, les boissons reviennent également par les cavités nasales, la toux devient alors suffocante et quinteuse, se répète sept ou huit fois de suite ;

(1) Râlante, mot employé par les cultivateurs pour exprimer ce bruit de la respiration.

ces symptômes annoncent que la maladie est compliquée de l'inflammation de l'arrière-bouche ou pharynx et du larynx (mal de gorge ou angine); le cornage ou râlement augmente de plus en plus et se fait souvent entendre de très loin, la salive est abondante et s'écoule de la bouche, les animaux respirent avec difficulté, les naseaux s'ouvrent largement; les mouvements des flancs sont irréguliers et très forts; on est obligé quelquefois de pratiquer l'opération de la trachéotomie qui consiste à faire une ouverture à la trachée artère pour permettre l'entrée de l'air dans la poitrine et empêcher l'asphyxie; il se développe en même temps dans l'auge le long des joues, souvent à la base des oreilles, sur les côtés de la gorge, de l'encolure, au poitrail, quelquefois sur toutes les parties du corps et même dans son intérieur des abcès qu'on appelle dépôts de Gourme et dans lesquels il se forme des quantités prodigieuses de matière purulente.

Lorsque la maladie s'arrête à ces seules complications, les animaux guérissent le plus souvent quand ils sont bien soignés et traités convenablement; le cornage ou râlement persiste pendant quelques jours, l'opération de la trachéotomie est quelquefois indispensable pour empêcher l'asphyxie ; vers le septième ou huitième jour, rarement avant, il s'écoule des naseaux une matière blanche qui tombe par flocons mélangés à des débris d'aliments, la salive est très abondante, la bouche est chaude et la langue quelquefois très gonflée, la toux est très grasse, toujours suffocante ; deux ou trois jours après, le jetage est plus abondant, le cornage diminue, la digestion se fait plus facilement, les aliments ne sont plus rejetés par les naseaux en aussi grande quantité, le jetage et la toux continuent encore huit à dix jours ; quelquefois, les animaux mangent mieux, reprennent de l'embonpoint et guérissent en peu de temps ; mais il arrive souvent soit que les animaux aient été traités trop tard, soit qu'ils aient été abandonnés à eux-mêmes ou soumis à l'influence de nouvelles causes maladives, l'inflammation se communique aux organes essentiels de la respiration ; ils ne se couchent plus, restent posés sur leurs membres comme sur quatre piquets, ne cherchent plus guère à manger, paraissent très abattus et somnolents, appuient l'extrémité inférieure de la tête sur la mangeoire ; les crins s'arrachent avec la plus grande facilité, la respiration devient irrégulière et entrecoupée comme celle d'un cheval poussif; la toux est très grasse, très douloureuse, suffocante, se répète dix ou quinze fois de suite, le jetage est très abondant, blanchâtre et sans mauvaise odeur, les battements du cœur sont très forts, le pouls est vite et petit; si l'on applique l'oreille sur les côtés de la poitrine, on entend dans plusieurs parties du poumon où le bruit respiratoire normal a cessé, un autre bruit de souffle semblable à celui qui serait produit par le passage de l'air en soufflant dans un tuyau étroit; plus tard, on entend également un bruit ou râle muqueux qui est produit par le passage de l'air dans les tuyaux bronchiques qui contiennent beaucoup de matière mucoso-purulente. La maladie est alors compliquée de l'inflammation des bronches et des poumons (bronchite pneumonie ou fluxion de poitrine), les éleveurs disent que les poulains sont pris de fièvre, du battement des flancs et les considèrent comme perdus, parce que les charlatans, les châtreurs ou hongreurs de profession, en un mot tous les routiniers auxquels ils les confient d'habitude pour les traiter, ne les guérissent jamais; cependant je puis affirmer, l'expérience et l'observation le prouvent tous les jours, que l'on guérit encore la plupart des animaux lorsque la Gourme est compliquée de l'inflammation des bronches et des poumons; la mort est le plus souvent causée par la négligence du cultivateur qui n'appelle le vétérinaire qu'après avoir épuisé tout le savoir routinier des guérisseurs et elle arrive en peu de temps lorsque les animaux ne sont pas soumis à un traitement énergique et efficace. La maladie fait des progrès très rapides, l'appétit disparaît presque complètement, la respiration devient de plus en plus entrecoupée, l'inspiration est grande et l'expiration courte, la toux est très grasse; quatre ou cinq jours après, souvent plus tôt, l'air expiré répand une odeur de gangrène qui infecte l'écurie, les battements du cœur sont très forts, le pouls est vite et faible, les crins s'arrachent avec une extrême facilité, il ne s'écoule plus des sétons qu'un liquide clair, séreux, blanchâtre, les animaux peuvent à peine se soutenir, se couchent et se relèvent après cinq ou dix minutes; la respiration devient de plus en plus précipitée et râlante, le jetage est souvent mélangé de stries rougeâtres, répand une odeur repoussante, les extrémités se refroidissent et la mort arrive peu de temps après.

La Gourme est, comme on le voit, une maladie dont la durée est plus ou moins longue selon la gravité de ses complications ; lorsqu'elle se borne à l'inflammation de l'arrière-bouche et du larynx, les poulains ou les chevaux ne sont guère malades que pendant quinze jours ou trois semaines tout au plus ; si elle s'étend aux bronches et aux poumons, elle les fait souvent périr en huit à dix jours, quelquefois ils résistent plus long-temps ; si la maladie se termine par la guérison, les animaux ont une convalescence très longue et ne sont pas parfaitement rétablis avant six semaines ou deux mois.

Les abcès ou dépôts de Gourme sont ordinairement une terminaison heureuse de la maladie ; cependant ils déterminent quelquefois, dans la profondeur des organes, des altérations plus ou moins dangereuses, souvent mortelles ; ils commencent toujours à se développer par une tumeur ou grosseur dure, douloureuse, sur laquelle la peau est tendue, située plus ou moins profondément dans les tissus, qui augmente insensiblement de volume et occasionne souvent dans les parties inférieures un engorgement édémateux quelquefois très considérable, insensible, qui conserve l'empreinte de la pression des doigts, cette tumeur se dessine de plus en plus, devient proéminente, se ramollit bientôt vers son centre qui fléchit sous le doigt et donne la sensation de la matière purulente qu'elle contient, qui tend la peau, finit par l'ulcérer et s'écoule plus ou moins complètement, selon la profondeur et la disposition relative de la cavité de l'abcès à son ouverture; la tumeur s'affaisse immédiatement sur elle-même, diminue à mesure que la matière s'écoule, l'inflammation et l'engorgement édémateux disparaissent en cinq ou six jours, la cavité de l'abcès se retrécit de plus en plus et la plaie se cicatrise en peu de temps.

Telle est la marche ordinaire de ces dépôts de Gourme qui sont ordinairement une conséquence nécessaire de la guérison; mais il arrive souvent que leur présence dans certaines parties du corps déterminent des accidents ou des altérations qui compromettent gravement les animaux et qu'il est nécessaire de prévoir pour les éviter par les moyens qui sont au pouvoir du vétérinaire.

Ceux qui se forment dans le tissu cellulaire qui entoure les glanglions de l'auge, sous la langue, dans l'épaisseur des joues et des lèvres, sont ordinairement peu dangereux ; la mâchoire inférieure devient quelquefois le siège d'un gonflement inflammatoire qui s'étend en avant jusqu'aux lèvres, en arrière sous la gorge, gagne souvent la mâchoire supérieure et empêche les animaux de prendre les aliments; la langue participe aussi à cette inflammation, elle devient rouge foncé, très grosse, force l'écartement des mâchoires et sort de la bouche qu'elle remplit exactement; au bout de quelques jours ce gonflement s'abcède dans plusieurs endroits, sous la mâchoire, sur les côtés, le long des joues, quelquefois dans l'intérieur de la bouche et même dans l'épaisseur de la langue; à mesure que la matière purulente s'écoule de tous ces abcès, l'inflammation diminue insensiblement, en quelques jours les plaies se cicatrisent, la langue rentre dans la bouche, le mouvement des mâchoires devient plus libre, les animaux commencent à manger et sont bientôt guéris; cependant lorsque ces abcès sont très profonds, le gonflement inflammatoire persiste, s'étend même jusqu'à l'arrière-bouche et au larynx, rend la respiration difficile et occasionne quelquefois l'asphyxie.

Les guérisseurs des campagnes confondent souvent le charbon de la tête avec cette tuméfaction symptomatique de la Gourme.

En 1841, M. Pelletier, alors maire de la commune de Dorceau, cultivateur à la ferme de la Grand'Maison, avait appelé un guérisseur de la commune de Condé-sur-Huisne, pour visiter un cheval qui portait sous la ganache une tumeur sur laquelle on s'était borné, sur le conseil de ce guérisseur, à faire des embrocations d'onguent populeum pour la faire mûrir et abcéder, comme les dépôts de Gourme. Douze heures après, la tête était très enflée, la langue sortait de la bouche et avait une couleur noirâtre, la respiration était très difficile; un vétérinaire, M. Mollard, de Nogent-le-Rotrou, est appelé, mais l'érysipèle charbonneux avait fait des progrès tellement rapides qu'il était impossible de les arrêter et l'animal est mort vingt-quatre heures après l'apparition de la tumeur

Il suffit d'observer avec attention les parties malades pour éviter des erreurs aussi graves;

les tumeurs charbonneuses font beaucoup plus souffrir les animaux que les abcès, elles augmentent de volume plus rapidement, gonflent les parties qui les entourent de gaz putrides qui boursoufflent la peau et la font crépiter sous les doigts.

Les dépôts de Gourme qui occasionnent le plus souvent des complications dangereuses sont ceux qui se forment : 1° sur les côtés de l'arrière-bouche; 2° le long du conduit alimentaire qui lui fait suite (œsophage) ; 3° dans les muscles du poitrail ; 4° dans les grandes cavités du corps :

1° Ceux qui se forment sur les côtés du pharynx ou arrière-bouche, s'étendent sous les glandes salivaires parotides, font saillie à l'extérieur, présentent les mêmes symptômes que les abcès ordinaires et sont connus sous le nom d'avives par tous les cultivateurs; en augmentant de volume, ils compriment le larynx et le pharynx, le conduit respiratoire devient plus étroit, le passage de l'air plus difficile et la respiration est bruyante; si l'on ne donne pas écoulement à la matière qu'ils contiennent, les animaux cornent très fort, ouvrent les naseaux largement, s'agitent beaucoup, grattent le sol avec les membres antérieurs, surtout quand ils toussent les flancs battent avec violence, les muscles de l'encolure se contractent, les yeux deviennent hagards, tous les signes de la mort apparaissent et les animaux tombent tout-à-coup asphyxiés ; l'ébranlement produit par la chute fait quelquefois percer l'abcès soit en dedans soit en dehors; la matière purulente s'écoule à flots, la poche se vide, la tumeur s'affaisse, la respiration se rétablit et les animaux sont soulagés immédiatement.

Si la matière s'est fait jour dans l'intérieur de l'arrière-bouche, elle est immédiatement déglutie ou rejetée par les naseaux, les aliments s'introduisent par l'ouverture de l'abcès, remplissent sa cavité et empêchent la cicatrisation. Ces accidents arrivent lorsque ces tumeurs sont profondes, qu'elles sont abandonnées à elles-mêmes, qu'on se borne à les enduire de graisse ou d'onguent populeum et que les animaux sont confiés à des guérisseurs qui n'ont pas les connaissances suffisantes pour ouvrir ces abcès avec le bistouri et donner écoulement à la matière qu'ils contiennent.

2° Les abcès qui apparaissent à la suite de la

Gourme le long de la gouttière de l'encolure se forment dans ce tissu cellulaire lâche et abondant qui entoure la trachée artère et le conduit qui porte les aliments de l'arrière-bouche dans l'estomac (œsophage, herbière) (1). Elles présentent tous les caractères des abcès et n'occasionnent le plus souvent aucun trouble dans la digestion ni dans la respiration ; ce n'est que dans le cas où l'œsophage se trouvant englobé dans la tumeur, la matière purulente qui tend à s'échapper gagne les parois membraneuses de cet organe, les amincit de plus en plus, les ulcère et s'écoule dans son intérieur, les aliments s'introduisent dans la cavité de l'abcès, la tumeur devient molle, pâteuse, insensible à l'extérieur ; si on l'ouvre avec le bistouri les aliments s'échappent par cette ouverture au fur et à mesure qu'ils sont avalés; les animaux deviennent très tristes et abattus, maigrissent considérablement et meurent au bout de quelques jours.

3° Au poitrail, les dépôts de Gourme deviennent souvent très volumineux, l'inflammation

(1) Nom sous lequel les cultivateurs connaissent l'œsophage.

édemateuse se prolonge sous la poitrine, descend le long des membres antérieurs qui deviennent très gros et remonte quelquefois jusqu'au niveau de la pointe des épaules; les veines jugulaires sont comprimées à l'entrée de la poitrine, elles se distendent de plus en plus, le sang circule difficilement dans leur intérieur, ne peut retourner au cœur, s'arrête au cerveau et occasionne souvent une apoplexie foudroyante; les animaux meurent en quelques minutes sans paraître malades. Quelquefois ces abcès sont situés très profondément dans les muscles pectoraux ; l'engorgement déjà très considérable augmente toujours et la tumeur ne présente aucun point qui donne la sensation de la matière purulente qu'elle contient, puis tout-à-coup la respiration devient très accélérée, les animaux qui ne paraissent pas malades ne se couchent plus, cessent de manger, sont très abattus et meurent en peu de temps; ce changement subit, ces symptômes alarmants sont dus à la matière purulente qui a fusé dans la cavité de la poitrine et a occasionné une pleurésie mortelle.

Il se forme aussi à la suite de la Gourme, sur les poulains et les jeunes chevaux, des abcès dans cet amas de tissu cellulaire situé entre l'épaule et la poitrine. On est d'abord surpris de voir boiter les animaux sans cause connue, la boiterie augmente toujours, devient très forte en peu de temps; si l'on fait mouvoir l'épaule d'avant en arrière, les animaux accusent une très vive douleur sans qu'on puisse en préciser le siège, quelques jours après on aperçoit en avant et un peu au-dessus de la pointe de l'épaule une tumeur dure, douloureuse, qui présente tous les caractères des abcès; au fur et à mesure qu'elle augmente, elle force l'écartement de l'épaule de la poitrine et fait tellement souffrir les animaux qu'on est obligé de la percer le plus tôt possible pour donner écoulement à la matière purulente qu'elle contient, afin d'éviter les déchirements musculaires qui sont souvent les causes de boiteries incurables; la cavité de l'abcès est quelquefois très profonde, elle se cicatrise facilement, la boiterie diminue et disparaît insensiblement.

4° Enfin, les dépôts de Gourme les plus graves sont ceux qui se forment et se développent dans les grandes cavités du corps : dans le ventre, au voisinage des reins, sur les côtés du rectum ou fondement, entre les lames du mésentère. Il est nécessaire de bien reconnaître les symptômes qui accusent la présence de ces abcès, de bien s'assurer de leur position relative aux organes qui les entourent, car il est possible quelquefois de donner écoulement à la matière purulente qu'ils renferment et de sauver les malades. Lorsque ces abcès existent, les animaux mangent peu, l'appétit est dépravé, ils cherchent continuellement dans leur litière ou dans le fumier, refusent le foin et l'avoine, grattent le sol avec leurs membres antérieurs, éprouvent des coliques sourdes, se couchent, se relèvent et se roulent de temps en temps, regardent souvent du côté malade, et maigrissent considérablemeut; si l'on introduit la main et le bras dans le rectum ou fondement, il est facile de reconnaître et de s'assurer exactement de la position, de la forme et du volume de ces tumeurs; si les animaux sont abandonnés à eux-mêmes, ils restent presque toujours couchés, s'épuisent considérablement et tombent dans un marasme complet; les muqueuses deviennent pâles, le poil est piqué, la peau est souvent couverte de plaies saignantes et de plaques noires ou escharres gangréneuses produites par le séjour trop prolongé du corps sur la litière ou sur le sol, et les animaux ne meurent souvent qu'après un mois ou six semaines de maladie, quelquefois plus.

§ 4e. Altérations morbides.

A l'ouverture des cadavres, si les animaux sont morts de l'inflammation du poumon et des bronches, on rencontre les altérations suivantes : il s'écoule souvent par les naseaux un liquide de couleur lie de vin qui répand une odeur très infecte; en ouvrant la poitrine, il s'en échappe la même odeur repoussante, les poumons sont gros, très rouges, durs, résistants, se déchirent comme la substance du foie et se réduisent en pulpe infecte sous la pression des doigts dans quelques parties; on rencontre dans leur intérieur des dépôts de matière purulente qui communiquent avec les bronches.

Lorsque la mort a été occasionnée par les abcès ou dépôts de Gourme, on rencontre différentes altérations suivant les organes qu'ils ont endommagés. L'arrière-bouche ou pharynx, l'œsophage communiquent par une ouverture accidentelle à bords irréguliers et lisses avec la cavité de l'abcès qui contenait la matière purulente et qui s'est écoulée dans leur intérieur; cette cavité est remplie d'aliments mélangés à un liquide blanc jaunâtre qui répand une odeur infecte, les parties environnantes sont pénétrées d'un liquide jaune roussâtre qui les rend dures et résistantes sous la pression des doigts.

Enfin, dans la poitrine et dans le ventre ou abdomen, on rencontre la matière purulente des abcès qui se sont ouverts dans leur intérieur, épanchée en nature et mélangée avec une grande quantité de liquide jaune rougeâtre.

§ 5e. Moyens de préserver les poulains de la Gourme.

On préserve les poulains et les jeunes chevaux de la Gourme : 1° en les plaçant dans des circonstances hygiéniques telles qu'on puisse éviter les causes qui l'engendrent; 2° par l'emploi de quelques moyens médicamenteux :

1° Soins hygiéniques préservatifs. Au lieu de sevrer brusquement les poulains, les acheteurs devraient s'entendre avec les vendeurs pour priver les poulains du lait des mères au moins huit jours avant la livraison, ne point les engraisser en leur donnant en abondance du lait en grande quantité, des soupes ou des grains cuits, mais les soumettre peu à peu à la nourriture habituelle qu'ils doivent avoir chez les acheteurs.

On ne devra les faire voyager qu'en jour et non par les nuits froides et pluvieuses ni par les brouillards humides et froids. Ne point les entasser dans des écuries basses, petites et non aérées, pratiquer des ouvertures pour renouveler l'air qui doit être modérément chaud et non froid. Les exposer le moins possible aux froids rigoureux, aux pluies, dans les foires et marchés, les bouchonner vigoureusement pour enlever toute l'humidité qui empreigne le poil, les couvrir avec du foin et des couvertures s'ils tremblent, afin de rappeler la transpiration de la peau.

Si les écuries sont trop vastes et froides, on les divise en plusieurs compartiments, on les remplit de paille, on ferme les ouvertures basses, on en pratique plus haut afin que les vents ne viennent point glacer les animaux.

Séparer les écuries des étables et pratiquer des ouvertures pour renouveler l'air. Ne point sortir les animaux pour les abreuver par les mauvais temps de pluie, de neige ni par les vents froids; on les abreuvera aux rivières par le beau temps, ou bien à l'écurie avec l'eau de rivière préférablement à celle de puits ou de source; dans tous les cas, ces boissons devront être ce qu'on appelle dégourdies, il suffira pour les rendre potables de les laisser une heure ou deux dans l'écurie avant d'en abreuver les animaux.

Ne point faire usage de fourrages vasés ni poudreux.

A l'égard des chevaux de deux et trois ans, on ne devra pas attendre les neiges ni les fortes gelées pour les rentrer à l'écurie; j'ai toujours remarqué que ces animaux étaient souvent atteints de Gourme maligne.

Au printemps et en automne, on ne les fera travailler que le moins possible par les temps pluvieux, surtout après les chaleurs, on les bouchonnera bien quand ils seront mouillés ou couverts de sueur. En sortant du harnais on ne les laissera pas exposés à la pluie ni aux vents froids.

Enfin, on devra toujours séparer les animaux malades de ceux qui sont sains.

2° MOYENS MÉDICAMENTEUX PRÉSERVATIFS. Les moyens médicamenteux qui peuvent préserver les jeunes chevaux de la Gourme, sont efficaces et d'un facile emploi ; ils consistent dans l'opération de la saignée et dans l'usage de certaines boissons adoucissantes. Aussitôt que les poulains ont été achetés, surtout aux foires ou marchés, et qu'ils sont rentrés dans les écuries, les éleveurs devront faire pratiquer une saignée proportionnée à la taille, au tempérament et à l'embonpoint des poulains ; on tire ordinairement trois kilogrammes de sang ; du reste la saignée sera d'autant plus forte que les poulains auront plus de taille, qu'ils seront gras et vifs ; elle sera pratiquée de préférence aux veines de l'ars, de l'éperon ou de la cuisse, parce que cette opération est suivie d'un mal de saignée souvent très grave, lorsqu'elle est pratiquée à la veine de l'encolure.

J'ai toujours remarqué que la saignée est très préservative ; si la Gourme se déclare après cette opération, elle est toujours bénigne et ne fait point souffrir les animaux.

Elle est aussi très salutaire en automne quand on rentre les jeunes chevaux pour les hiverner, elle empêche les effets d'excitation de l'alimentation sèche et excitante substituée à la maigre nourriture des pâturages d'automne ; elle facilite la circulation, diminue la sensibilité des organes, et la Gourme, si elle s'établit, est toujours bénigne, peu grave et sans complication.

Au printemps, la saignée est aussi très utile lorsque les animaux sont depuis quelques jours dans les pâturages, surtout lorsque la température est variable.

3° BOISSONS PRÉSERVATIVES. On n'en abreuve les poulains qu'à l'écurie quelques jours après la livraison, et les jeunes chevaux après qu'ils sont retirés des pâturages; celles qui conviennent le mieux sont les eaux d'orge et de seigle que l'on prépare : 1° L'eau d'orge, en faisant bouillir l'eau dans laquelle on a ajouté l'orge, on jette cette première eau et on en ajoute de la nouvelle que l'on fait bouillir un quart d'heure et qui doit servir de boisson. 2° L'eau de seigle se prépare de la même manière en le faisant bouillir dans une seule eau. Ces boissons sont adoucissantes et nutritives, elles modèrent l'excitation produite par les causes maladives et fortifient les animaux; on les abreuve à satiété avec ces boissons, soit seules ou mélangées en barbottage.

Un grand nombre de cultivateurs ont l'habitude de faire usage des boissons préparées avec le genièvre, la pervenche, remèdes conseillés par les empiriques et les routiniers; ces boissons sont excitantes et plus nuisibles qu'utiles. Ils emploient également les préparations médicamenteuses que l'on connaît sous les noms de kermès et de foie d'antimoine; ces médicaments sont excitants, n'ont aucun effet salutaire, peuvent même occasionner la toux et par suite la Gourme.

§ 6e. Traitement ou moyen de guérir la Gourme.

Aussitôt que les poulains ou les jeunes chevaux seront pris de Gourme, qu'elle soit bénigne ou maligne, on les placera dans des écuries chaudes et aérées; si elles sont froides et vastes, on couvrira les animaux avec des couvertures de laine, on leur donnera pour boisson de l'eau d'orge, dans laquelle on ajoutera un peu de miel, et pour nourriture le vert préférablement au sec; les grains cuits d'orge, de seigle, de blé ou d'avoine, sont aussi une bonne nourriture lorsque les animaux sont atteints de la Gourme et qu'ils sont déjà affaiblis; mais on ne doit jamais leur donner crus, parce qu'ils sont trop irritants; ils augmentent l'inflammation des organes et peuvent occasionner souvent le retour de la maladie. On entourera la gorge des animaux avec une peau de mouton ou une toile sur laquelle on aura fixé un peu d'étoupe, afin d'entretenir la chaleur de cette partie et d'en éviter le refroidissement. Si la toux est un peu forte ou fréquente, on fera des fumigations dans les naseaux avec de l'eau de son ou de guimauve, et on administrera aux animaux, en deux ou trois fois dans la journée, un électuaire que l'on composera de la manière suivante :

Prenez : poudre de Guimauve, 30 grammes.
poudre de Réglisse, 30 grammes.

Mélangez ces poudres avec une quantité suffisante de miel pour donner à la masse une consistance pâteuse, facile à administrer aux animaux avec une spatule en bois. On continue ces soins pendant six à huit jours; si la Gourme n'est que bénigne, les animaux jettent abondamment par les naseaux, conservent assez d'appétit et guérissent en peu de jours; cependant si la toux et le jetage continuaient pendant long-temps, il faudrait passer deux sétons sous la poitrine et les laisser jusqu'à la disparition complète de la maladie. La saignée est inutile et même nuisible lorsque la Gourme est bénigne; elle affaiblit les animaux inutilement, diminue l'activité des organes à se débarrasser des produits morbides et arrête la secrétion purulente.

Traitement de la Gourme maligne. Les poulains atteints de Gourme maligne doivent être traités avec soin et le plus promptement possible, parce que cette maladie fait des progrès rapides et devient bientôt mortelle. Après les avoir placés dans des écuries convenables et avoir pris les précautions hygiéniques que j'ai indiquées pour la Gourme bénigne, lorsqu'ils paraissent fatigués, qu'ils piétinent, qu'ils se portent tantôt sur un membre, tantôt sur l'autre, que les yeux sont rouges, chassieux et larmoyants, qu'ils ont de la fièvre, que la gorge est douloureuse, qu'ils toussent beaucoup, on doit les saigner et tirer deux à trois kilogrammes de sang, graisser la gorge avec l'onguent populeum ; on applique un cataplasme de farine de graine de lin, on fait avaler, en deux ou trois fois dans la journée, le même remède composé de poudres de réglisse et de guimauve et de miel que dans la Gourme bénigne, et ne pas négliger les fumigations dans les naseaux ; si le cornage est très fort, on renouvellera la saignée afin de diminuer le gonflement de la gorge et de faciliter la respiration ; la fièvre s'appaise le plus souvent, le septième ou huitième jour les animaux jettent par le nez une matière blanche, épaisse, filante, le cornage diminue insensiblement, la toux cesse, l'appétit revient et la maladie se termine par le jetage qui disparaît bientôt ; s'il se forme un abcès dans l'auge, on le graisse avec l'onguent fondant ou l'onguent vésicatoire pour le faire mûrir le plus promptement possible. Cependant quelquefois, malgré la saignée répétée plusieurs fois, la respiration devient extrêmement difficile, le cornage est très fort, les naseaux s'ouvrent très largement, les flancs battent très fort et les animaux sont sur le point d'être asphyxiés ou de perdre la respiration ; le cultivateur devra avoir recours au vétérinaire afin de pratiquer une opération pour permettre l'entrée de l'air dans la poitrine et empêcher l'asphyxie. Aussitôt que l'animal respire par l'ouverture artificielle pratiquée au-dessous de l'obstacle au passage libre de l'air dans le conduit respiratoire, le cornage cesse, la respiration devient calme et tranquille; on continue l'application des cataplasmes autour de la gorge, les fumigations émollientes et on administre tous les jours l'électuaire composé de poudres adoucissantes et de miel; si les animaux salivent beaucoup et que la langue soit enflée, on fera des injections dans la bouche avec de l'eau vinaigrée et miélée, dans les proportions suivantes :

Eau tiède, une bouteille.
Vinaigre, un demi-verre.
Miel, deux cuillerées.

En continuant ces soins pendant huit jours, le mal de gorge disparaît, si l'on ferme l'ouverture de la trachée artère, l'animal respire librement par les naseaux, le cornage a cessé; il suffit alors d'abandonner cette plaie à elle-même et de fixer une toile sur l'ouverture pour empêcher l'introduction des corps étrangers dans la poitrine, la cicatrisation s'opère d'elle-même.

S'il se forme des abcès sur les côtés de la gorge, dans l'auge, au poitrail, au lieu de les abandonner à eux-mêmes comme le font la plupart des éleveurs, ou de faire des embrocations avec des substances grasses ou des onguents qui ne font que peu ou point d'effet, on doit employer l'onguent fondant maturatif de Lebas; après une ou deux embrocations, la tumeur augmente considérablement de volume et présente bientôt à son centre un point qui fléchit sous le doigt et qui annonce la présence de la matière purulente; rien n'est plus facile alors de percer l'abcès soit avec un bistouri ou une pointe de feu, la matière purulente s'écoule en abondance, mélangée au sang qui provient de la section des vaisseaux pendant l'opération, on presse la tumeur dans toute son étendue afin de faire écouler autant que possible toute la matière ainsi que le sang qu'elle contient; si la poche de l'abcès est très grande et qu'on ne puisse la vider complètement du sang qu'elle contient, on doit injecter dans son intérieur un peu de chlorure de chaux liquide, ou imbiber un peu d'étoupe de ce médicament et l'introduire dans la cavité de l'abcès afin d'éviter la gangrène qui arrive souvent lorsque le sang se trouve ainsi dans toutes les conditions de putréfaction. Toutes les fois que les tumeurs s'abcèdent de cette manière, elles n'entraînent aucune complication et la guérison en est facile; mais il arrive souvent, comme je l'ai déjà dit, que ces abcès gênent tellement les fonctions essentielles à la vie qu'on est obligé de les ouvrir avant qu'ils présentent un point fluctuant à leur centre; quelquefois il faut pénétrer très profondément dans les tissus organiques avec l'instrument tranchant pour arriver dans la poche de l'abcès et faire écouler la matière qui y est renfermée; le cultivateur dans ce cas devra toujours avoir recours au vétérinaire pour pratiquer cette opération, parce qu'elle exige la connaissance exacte de la position et des rapports des organes qui entourent ces dépôts, de ceux que l'on doit traverser pour pénétrer dans la cavité de l'abcès et de ceux que l'on doit essentiellement ménager; ces opérations sont d'autant plus difficiles à pratiquer que ces abcès sont toujours placés au voisinage d'organes indispensables à la vie ou près des gros vaisseaux qui les traversent quelquefois, aussi est-il très imprudent d'ajouter foi aux promesses de tous les routiniers guérisseurs des campagnes qui se bornent à passer des sétons au-dessus ou sur les côtés de ces tumeurs et à les enduire d'onguents qui ont souvent peu d'effet, la matière fait des ravages à l'intérieur, attaque des organes importants et produit souvent des altération mortelles. Incapables de pratiquer ces opérations si nécessaires pour sauver les animaux, ces hommes détournent les cultivateurs plutôt que de les conseiller d'appeler un vétérinaire qu'ils craignent de voir venir démontrer d'une manière évidente l'inefficacité et les effets dangereux des remèdes qu'ils emploient, et qui font preuve de leur ineptie et de la plus grande ignorance.

Le traitement des dépôts situés dans l'intérieur du corps est quelquefois très difficile à employer et souvent sans succès, il exige des connaissances que ne peuvent avoir les cultivateurs et que le vétérinaire seul possède; mais il consiste toujours dans une opération qui donne écoulement au dehors à la matière purulente, sans attaquer des organes importants.

Enfin, lorsque la maladie se complique de l'inflammation des poumons et des bronches, si les animaux ne se couchent pas et si la respiration est plus vite qu'à l'état de santé, il faut recommencer la saignée que l'on doit proportionner au tempérament de l'animal et à la force de la maladie, on continue à faire prendre des fumigations dans les naseaux, on administre en plus grande quantité les électuaires adoucissants de poudres de réglisse et de guimauve et l'on fait boire aux animaux beaucoup d'eau d'orge édulcorée avec du miel; un ou deux jours après, si l'on ne voit point d'amélioration dans la maladie, il faut passer deux sétons sous la poitrine ou appliquer un cataplasme de farine de moutarde, que l'on devra laisser pendant vingt-quatre heures; ce cataplasme occasionne un engorgement considérable dans lequel on fait des scarifications nombreuses et qui sauve souvent les animaux; deux ou trois jours après il s'écoule des petites plaies produites par les scarifications, une matière blanche semblable à celle des sétons qui suppurent beaucoup, l'engorgement diminue, la respiration devient moins vite et plus régulière, les animaux mangent mieux, toussent moins et finissent par guérir; mais si la saignée ne produit aucun effet, si les sétons ne prennent pas, bien qu'on les anime avec de l'onguent vésicatoire ou basilicum, s'il ne s'en écoule qu'un liquide clair blanchâtre, si la respiration est de plus en plus vite et entrecoupée, si enfin l'air expiré répand une odeur infecte de gangrène, on doit cesser tout traitement et considérer les animaux comme perdus.

§ 7e. Remèdes dangereux des charlatans.

Dans le Perche, tous les hommes qui font le métier de pratiquer la castration sur les animaux domestiques se disent tous vétérinaires et se publient même sous ce titre dans les campagnes; ils trompent et exploitent ainsi la confiance et la bonne foi du crédule fermier en lui vendant une foule de remèdes plus ou moins inutiles et dangereux qu'ils prétendent souvent connaître seuls et en posséder les secrets pour guérir toutes les maladies, mais c'est principalement sur les jeunes chevaux gourmés que ces remèdes produisent souvent des effets contraires à la guérison et sont la cause de pertes considérables.

Ce sont les poudres de kermès, de foie d'antimoine, de crocus, de sabine, la poudre cordiale, l'opium, le laudanum, enfin les breuvages échauffants préparés avec l'absinthe, la lavande, l'hysope, la rue odorante, la pervenche, le genièvre :

1° Le kermès est une poudre rouge brune, qui perd sa couleur lorsqu'elle est exposée à la lumière et devient jaune foncé ; sa propriété spécifique reconnue pour guérir certaines maladies de poitrine le font prodiguer aujourd'hui par les charlatans dans toutes les affections ; cependant, administré aux poulains et aux jeunes chevaux atteints de Gourme maligne ou compliquée, à la dose de 30 et 60 grammes par jour, ce médicament surexcite les membranes muqueuses respiratoires, augmente l'inflammation du poumon et en détermine la gangrène.

On ne l'emploie avec succès que dans les gourmes anciennes, compliquées de l'inflammation chronique des bronches ; on le fait prendre aux animaux à la dose de 8 à 15 grammes par jour et mélangé en électuaire aux poudres de réglisse et de guimauve.

2° Le foie d'antimoine, ainsi appelé à cause de sa couleur brune semblable à celle du foie des animaux, ainsi que le crocus qui est d'une couleur rouge marron foncé sont des remèdes que les charlatans emploient dans les mêmes circonstances et qui produisent les mêmes effets que le kermès.

3° La poudre cordiale, composée elle-même de plusieurs autres poudres très excitantes, est le remède auquel ils attribuent la propriété de guérir les maladies qu'ils supposent avoir leur siège au cœur; ils l'administrent aux animaux dans la Gourme compliquée de l'inflammation du poumon pour diminuer la fièvre et les battements du cœur ; loin de les affaiblir, ce médicament excite encore la circulation et l'inflammation des organes, aggrave la maladie qui fait des progrès plus rapides et la rend souvent mortelle.

4° L'opium et le laudanum sont des médicaments qui ont la propriété de calmer la douleur en diminuant l'activité de toutes les fonctions vitales; administrés aux animaux malades, ils produisent la somnolence, l'abattement, diminuent l'appétit et la fièvre ; la respiration devient plus lente et plus profonde, la circulation se ralentit, les battements du cœur sont moins forts ; mais cette amélioration dure peu de temps parce que le sang abonde dans les parties enflammées et ces remèdes, en ralentissant la circulation, produisent un effet tout-à-fait contraire à la résolution de la maladie.

5° Enfin, ils préparent des breuvages échauffants et incendiaires, des fumigations avec les sommités des plantes médicinales d'absinthe, de sauge, de lavande, d'hysope, de rue odorante, de pervenche, avec les tiges et les feuilles de genièvre et de sabine.

Les infusions de ces herbes ou plantes auxquelles les charlatans attribuent des propriétés surnaturelles, administrées aux animaux en breuvages ou en fumigations, ont pour effet de surexciter tous les organes, d'augmenter la fièvre, l'inflammation, et d'occasionner la mort en peu de temps.

FIN.

TABLE.

Nogent-le-Rotrou. — Imprimerie de Gouverneur.

www.ingramcontent.com/pod-product-compliance
Ingram Content Group UK Ltd.
Pitfield, Milton Keynes, MK11 3LW, UK
UKHW020430180726
13839UKWH00003B/1414